# 四川省工程建设地方标准

# 钢筋电渣压力焊技术规程

Technical specification for electroslag pressure welding
of reinforcing steel bar

## DBJ 20-7－2013

主编单位： 四 川 省 建 筑 科 学 研 究 院
批准部门： 四 川 省 住 房 和 城 乡 建 设 厅
施行日期： 2 0 1 4 年 6 月 1 日

西南交通大学出版社

2013 成 都

**图书在版编目（CIP）数据**

钢筋电渣压力焊技术规程 / 四川省建筑科学研究院编著. —成都：西南交通大学出版社，2014.3

ISBN 978-7-5643-2866-5

Ⅰ. ①钢… Ⅱ. ①四… Ⅲ. ①钢筋－电渣压力焊－技术规范 Ⅳ. ①TG457.11-65②TG448-65

中国版本图书馆 CIP 数据核字（2014）第 022702 号

**钢筋电渣压力焊技术规程**

主编单位　四川省建筑科学研究院

| | |
|---|---|
| 责任编辑 | 孟苏成 |
| 助理编辑 | 姜锡伟 |
| 封面设计 | 原谋书装 |
| 出版发行 | 西南交通大学出版社<br>（四川省成都市金牛区交大路 146 号） |
| 发行部电话 | 028-87600564　028-87600533 |
| 邮政编码 | 610031 |
| 网　址 | http://press.swjtu.edu.cn |
| 印　刷 | 成都蓉军广告印务有限责任公司 |
| 成品尺寸 | 140 mm × 203 mm |
| 印　张 | 1.5 |
| 字　数 | 32 千字 |
| 版　次 | 2014 年 3 月第 1 版 |
| 印　次 | 2014 年 3 月第 1 次 |
| 书　号 | ISBN 978-7-5643-2866-5 |
| 定　价 | 30.00 元 |

# 关于发布四川省工程建设地方标准 《钢筋电渣压力焊技术规程》的通知

川建标发〔2013〕618号

各市州及扩权试点县住房城乡建设行政主管部门，各有关单位：

由四川省建筑科学研究院会同相关单位修编的《钢筋电渣压力焊技术规程》，经我厅组织专家审查通过，并报住房和城乡建设部审定备案，现批准为四川省强制性工程建设地方标准，编号为DBJ 20-7－2013，备案号为J 12505－2013，自2014年6月1日起在全省实施。其中，第3.0.1、5.0.1、6.0.4条为强制性条文，必须严格执行。原地方标准《钢筋电渣压力焊接规程》（DBJ 20-7－90）于本标准实施之日起同时作废。

该标准由四川省住房和城乡建设厅负责管理，四川省建筑科学研究院负责技术内容解释。

四川省住房和城乡建设厅
2013年12月25日

# 前　言

根据四川省住房和城乡建设厅《关于下达 2012 年四川省工程建设地方标准修订计划的通知》（川建标发〔2012〕5 号）文件的要求，四川省建筑科学研究院会同相关单位成立规程修订组，经深入调查研究和认真总结实践经验，开展 IIRB400、HRB500 钢筋的验证性试验与专项论证，参考国内外相关标准，并在广泛征求意见的基础上，修订本规程。

本规程共分 7 章，依次是：总则；术语和符号；材料；焊接设备；焊接施工；质量检验；安全技术。

本规程修订的主要技术内容是：

1　增加了术语和符号；

2　增加了钢筋牌号；

3　修改了允许焊接的钢筋直径下限，由 16 mm 减小至 12 mm；

4　对焊接设备的性能要求作了全面的规定；

5　对焊接工艺、参数和图解作了确切的修订,补充了提高接头承载能力的有效措施；

6　对接头质量检验作了合理的规定；

7　对安全技术内容作了必要的补充；

8　在编排上作了适当的调整。

本规程中第 3.0.1 条、第 5.0.1 条、第 6.0.4 条为强制性条文，必须严格执行。

本规程由四川省住房和城乡建设厅负责管理，四川省建筑科学研究院负责具体解释。在实施过程中，如有意见或建议，请寄送给四川省建筑科学研究院（通信地址：成都市一环路北三段 55 号，邮政编码：610081）。

　　本规程主编单位：四川省建筑科学研究院

　　本规程参编单位：四川省第六建筑有限公司

　　　　　　　　　　四川华曦建设工程质量检测有限公司

　　　　　　　　　　成都市建设工程质量监督站

　　　　　　　　　　成都市第三建筑工程公司

　　　　　　　　　　四川大西洋焊接材料股份有限公司

　　　　　　　　　　四川建筑职业技术学院

　　本规程主要起草人：霍晓敏　全　理　周百先　赵崇贤

　　　　　　　　　　　王　科　易松孟　王　萍　刘晓林

　　　　　　　　　　　夏　葵　蒋　勇　罗加利　刘鉴秾

　　　　　　　　　　　淡　浩　牛　宝　曹桓铭

　　本规程主要审查人：王其贵　向　学　章一萍　江成贵

　　　　　　　　　　　任志平　张　纯　周友龙

# 目　次

# 1 总　则

**1.0.1** 为在钢筋电渣压力焊施工中贯彻执行国家的技术经济政策，做到技术先进、经济合理、安全适用、质量可靠，制定本规程。

**1.0.2** 本规程适用于一般工业与民用建筑工程混凝土结构中，竖向和倾角不大于 10° 的斜向钢筋电渣压力焊的施工与质量检验。

**1.0.3** 钢筋电渣压力焊的施工与质量检验，除应执行本规程外，尚应符合国家现行有关标准的规定。

# 2 术语和符号

## 2.1 术　语

**2.1.1** 钢筋电渣压力焊　electroslag pressure welding of reinforcing steel bar

竖向的上、下钢筋被焊处，在焊剂包围下，接通焊接电流的同时采取直接或间接引弧法引弧，先后进行电弧过程和电渣过程，利用电弧热和电阻热使钢筋熔化，再适时挤压而完成的一种焊接方法。

**2.1.2** 直接引弧　direct arcing method

接通焊接电流的同时，使两钢筋的接触面瞬时分离 2 mm ~ 3 mm 而引燃电弧。

**2.1.3** 间接引弧　indirect arcing method

接通焊接电流的同时，借助"引弧球"或"引弧丝"的瞬时熔化，在两钢筋端面之间形成空穴而引燃电弧。

**2.1.4** 引弧球　arcing ball

能够瞬时熔化的钢丝球。

**2.1.5** 引弧丝　arcing wire

能够瞬时熔化的焊芯丝。

**2.1.6** 渣池　slag pool

利用电弧热的高温作用，使固态焊剂熔化而形成的液态焊渣。

**2.1.7** 电渣　electroslag

渣池已成为焊接电流回路组成部分的焊渣。

**2.1.8** 电弧过程　arc process

控制电弧电压（电弧长度）一定条件下的延时过程。

**2.1.9** 电渣过程　electroslag process

控制电渣电压（电渣深度）一定条件下的延时过程。

**2.1.10** 熔合区　fusion zone

两钢筋端面经加热熔化和适时挤压后的结合区域。

**2.1.11** 热影响区　heat-affected zone

因受焊接热的影响，钢筋母材的金属组织和力学性能发生变化的区域，可分为过热区、正火区和部分相变区。

**2.1.12** 焊包　solder

被挤出的熔化金属，凸出于焊缝区四周而形成的环状鼓包。

**2.1.13** 焊包高度　solder height

凸出钢筋表面环状冷凝金属的高度。

**2.1.14** 熔化留量　reserve amount of melting

钢筋熔化的预留长度。

## 2.2　符　号

**2.2.1** 接头尺寸符号

$d$——钢筋直径；

$h$——焊包高度。

**2.2.2** 焊接工艺、参数符号

$I$——焊接电流；

$U$——焊接电压；

$U_1$——电弧电压；

$U_2$——电渣电压；

$t$——焊接时间；

$t_1$——电弧过程时间；

$t_2$——电渣过程时间；

$S$——动夹头位移。

### 2.2.3 钢筋母材或接头的力学性能符号

$R_{eH}$——上屈服强度；

$R_{eL}$——下屈服强度；

$R_m$——抗拉强度；

$A$——断后伸长率。

# 3 材　料

**3.0.1**　用于钢筋电渣压力焊的每批钢筋必须提供质量证明书和复检报告，焊剂必须提供质量证明书和合格证。

**3.0.2**　用于钢筋电渣压力焊的钢筋牌号及其直径范围，应符合表 3.0.2 的规定，其性能应符合附录 A 的规定。

表 3.0.2　钢筋电渣压力焊时的适用范围

| 序号 | 钢筋牌号 | 钢筋直径（mm） |
|------|----------|------------------|
| 1 | HPB300 | 12~22 |
| 2 | HRB335 | 12~32 |
| 3 | HRB400 | 12~32 |
| 4 | HRB500 | 12~25 |

**3.0.3**　当工程需要采用其他新品种钢筋，或直径需要超出规程规定的范围时，应进行焊接工艺评定，按规定经有关部门组织论证认可后，方可在工程中使用。

**3.0.4**　钢筋电渣压力焊施工，宜优先采用专用焊剂，也可采用 HJ 431 牌号或性能相近的其他品种，其性能应符合 GB/T 5293 的规定。

**3.0.5**　储存焊剂时，应妥善保管，严防受潮变质。若焊剂受潮，使用前应进行 250 ℃、2 h 的烘焙。

**3.0.6**　焊剂回收使用时，应符合下列要求：

　**1**　应清除熔渣和杂物，保持干净；

　**2**　应与不少于 2 倍的新焊剂混合后再使用。

# 4 焊接设备

**4.0.1** 钢筋电渣压力焊施工的焊接设备,当采用专用焊接电源或配有控制箱的普通焊接电源与焊接夹具的组合形式时,应符合下列要求:

    **1** 各部件的连接处,应安装可靠,导电良好;

    **2** 焊接电源无论采用交流焊机或直流焊机,宜选用次级空载电压为 75 V ~ 80 V 的焊机种类。

**4.0.2** 用于钢筋电渣压力焊施工的焊机容量宜按下列规定选用:

    **1** 当钢筋直径为 12 mm ~ 25 mm 时,焊机容量宜选用 39 kVA;

    **2** 当钢筋直径为 28 mm ~ 32 mm 时,焊机容量宜选用 50 kVA。

**4.0.3** 焊机控制系统应具备下列功能:

    **1** 能观察网络电压的变化;

    **2** 能控制焊接电流的通、断;

    **3** 能控制和调整焊接时间;

    **4** 能给操作者及时提供时间信号。

**4.0.4** 钢筋电渣压力焊施工时应采用适宜的焊接夹具。钢筋直径为 12 mm 时,应采用小型号夹具。

**4.0.5** 选用的焊接夹具应符合下列要求:

    **1** 小巧轻便,并具有足够的刚度;

**2** 上夹头（以下称动夹头）应能灵活移动，其行程不小于 50 mm；

**3** 应具有钢筋轴线的纠偏功能，能确保轴线偏差小于 0.5 mm；

**4** 能监视焊接电压的变化；

**5** 能观测动夹头的位移状况。

**4.0.6** 当焊接夹具发生明显的磨损或变形时，应及时修理或更换。

# 5 焊接施工

**5.0.1** 从事钢筋电渣压力焊施工的焊工，必须持有该项焊接技术的焊工考试合格证，并应按照合格证规定的范围上岗操作。

**5.0.2** 在工程开工正式焊接之前，或施工期间钢筋发生变化时，参与焊接施工的焊工必须进行现场条件下的焊接工艺试验，试验合格后，方准正式焊接施工。

**5.0.3** 焊接施工应由 1 名专业焊工与 2 名～3 名辅助工组成焊接小组进行。

**5.0.4** 焊接前的准备工作应符合下列要求：

**1** 检查钢筋端部 200 mm 范围内的平直状况，若有弯曲，应予以切除。钢筋下料，宜采用切割方法，切割端面应平整；

**2** 检查钢筋焊接部位和电极的接触部位是否干净，如有铁锈、污物，必须予以清除；

**3** 制备引弧球，直径应不小于 10 mm，且应有足够的刚度；

**4** 检查焊剂质量；

**5** 检查设备状况；

**6** 确定焊接参数。

**5.0.5** 钢筋接头在结构中的设置位置及其比例，应符合设计规定。当设计无规定时，应按《混凝土结构工程施工质量验收规范》GB 50204 的相关规定执行。

**5.0.6** 钢筋电渣压力焊施工应按下列步骤进行：

**1** 安装焊接夹具和上钢筋；

**2** 安放引弧球或引弧丝、焊剂罐并填装焊剂；

**3** 焊接操作；

**4** 回收焊剂和卸下焊接夹具。

**5.0.7** 焊接夹具及钢筋的安装应符合下列要求：

**1** 焊接处位于焊剂罐高度 1/2 以下 5 mm～10 mm，上、下钢筋的纵肋应对齐。

**2** 钢筋一经夹紧，直至焊接过程结束后的 10 s 内，均不得晃动。

**5.0.8** 填装焊剂应符合下列要求：

**1** 填装焊剂前，检查钢筋对中，不得错位，检查引弧球是否放入。

**2** 封堵焊剂罐的空隙。

**3** 焊剂应均匀、密实、填满。

**5.0.9** 焊接操作应符合下列要求：

**1** 引弧过程：应在接通焊接电流的同时，快速提拉或微动上钢筋引弧，宜引弧一次成功。

**2** 电弧过程：应先慢后快地下送上钢筋，保证电弧过程的稳定和维持时间。

**3** 电渣过程：上钢筋插入渣池 1.5 mm～2.5 mm 后，应匀速下送，并控制延续时间。

**4** 挤压过程：应在切断焊接电流的同时，快速下送上钢筋，使上、下钢筋端面相互紧密接触，挤出熔化金属和熔渣。

钢筋电渣压力焊工艺过程见图 5.0.9。

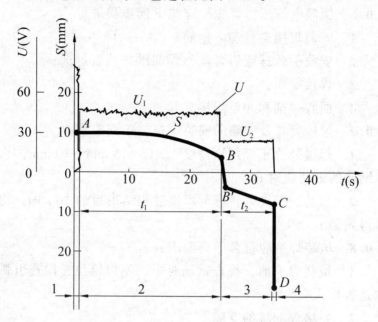

图 5.0.9  钢筋电渣压力焊工艺过程图解
（钢筋直径为 32 mm，采用间接引弧法施焊）

$U$—焊接电压（$U_1$—电弧电压；$U_2$—电渣电压）；$S$—动夹头位移（$A$ 为电弧
过程起点，$B$ 为电弧过程终点和电渣过程起点，$C$ 为电渣过程终点和挤压
过程起点，$D$ 为挤压过程终点）；$t$—焊接时间（$t_1$—电弧过程时间，
$t_2$—电渣过程时间）；1—引弧过程；2—电弧过程；
3—电渣过程；4—挤压过程

5.0.10  焊接过程结束，应待接头冷却后方可卸下焊接夹具。

5.0.11  焊接完毕，操作者应对去除渣壳的接头进行外观检查。当发生不允许的焊接缺陷时，应参照表 5.0.11 查找原因，及时纠正。

## 表 5.0.11 焊接缺陷及防止措施

| 序号 | 焊接缺陷 | 防止措施 |
|---|---|---|
| 1 | 偏 心 | 1. 矫直钢筋端部；<br>2. 正确安装夹具和钢筋；<br>3. 修理或更换夹具 |
| 2 | 弯 折 | 1. 矫直钢筋端部；<br>2. 注意安装与扶持上钢筋；<br>3. 避免焊后过快地卸下夹具；<br>4. 修理或更换夹具 |
| 3 | 焊包薄而大<br>（过热） | 1. 减小焊接电流；<br>2. 缩短焊接时间；<br>3. 减少熔化量 |
| 4 | 咬 边 | 1. 减小焊接电流；<br>2. 缩短焊接时间；<br>3. 注意上钳口的起始点，确保上钢筋下送不受约束 |
| 5 | 未焊合 | 1. 增大焊接电流；<br>2. 延长焊接时间；<br>3. 修理夹具，确保上钢筋能够均匀下送 |
| 6 | 焊包不匀 | 1. 钢筋端面尽量平整；<br>2. 填装焊剂做到均匀、密实；<br>3. 延长焊接时间，适当增加熔化量 |
| 7 | 气 孔 | 1. 按规定要求烘焙焊剂；<br>2. 清除钢筋上的铁锈；<br>3. 注意被焊处焊剂的掩埋深度 |
| 8 | 烧 伤 | 1. 钢筋导电部位彻底除锈与氧化膜；<br>2. 尽量夹紧钢筋 |
| 9 | 焊包下流 | 1. 彻底封堵焊剂盒的漏孔；<br>2. 避免焊后过快回收焊剂 |

**5.0.12** 钢筋电渣压力焊施工的焊接参数选用参照表5.0.12。

表 5.0.12　钢筋电渣压力焊的焊接参数

| 钢筋直径（mm） | 焊接电流（A） | 焊接电压（V） | | 焊接时间（s） | | 钢筋熔化留量（mm） |
|---|---|---|---|---|---|---|
| | | $U_1$ | $U_2$ | $t_1$ | $t_2$ | |
| 12 | 195～225 | | | 12 | 2 | 13±1 |
| 14 | 215～245 | | | 14 | 3 | 14±1 |
| 16 | 235～265 | | | 16 | 3 | 16±1 |
| 18 | 265～295 | | | 18 | 4 | 18±1 |
| 20 | 295～325 | 40～45 | 20～25 | 20 | 4 | 20±1 |
| 22 | 325～355 | | | 21 | 5 | 22±1 |
| 25 | 375～405 | | | 24 | 5 | 24±1 |
| 28 | 455～485 | | | 26 | 6 | 26±1 |
| 32 | 545～575 | | | 29 | 7 | 28±1 |

注：1　当电网电压（380 V）的压降达5%时，焊接电流宜采用表5.0.12中的上限值；当电网电压超过8%，焊接电流宜采用表5.0.12的下限值；当钢筋牌号为HRB500时，焊接电流应采用表5.0.12中的下限值。

　　2　当钢筋直径为22 mm及以下时，焊接电压宜采用表5.0.12中的下限值；当钢筋直径为25 mm～32 mm时，焊接电压宜采用表5.0.12中的上限值。

　　3　当引弧过程不够顺利，需延长焊接时间时，增加的焊接时间只能纳入电弧过程（$t_1$）之中，当某些钢筋的焊接有过热倾向时，电渣过程（$t_2$）应适当缩短，总时间（$t_1+t_2$）应保持不变。

　　4　当钢筋端部不够平整时，钢筋熔化留量应比表5.0.12中的数值适当增加。

**5.0.13** 不同直径的钢筋焊接时,直径之差应不大于 7 mm。焊接时采用的焊接电流、焊接时间应按小直径钢筋选择后再增加 5%~10%。

**5.0.14** 对于 HRB500 钢筋的焊接施工,应符合下列要求:

   **1** 减小焊接电流,缩短电渣过程时间,防止过热;

   **2** 应保持电弧过程的稳定性和规定的延续时间,钢筋端面应平整,防止夹渣;

   **3** 注意挤压过程和切断电流的协调性,不得过早断电;

   **4** 焊接参数一旦选定,应防止大的波动。

# 6 质量检验

**6.0.1** 钢筋电渣压力焊接头的质量检验，应分批进行。检验批的划分应符合下列规定：

**1** 对于一般构筑物，以每 300 个同钢筋生产厂家、同牌号、同直径接头作为一批；

**2** 对于现浇钢筋混凝土房屋结构，应在不超过两个楼层中以每 300 个同钢筋生产厂家、同牌号、同直径接头作为一批，不足 300 个接头时仍作为一批。

**6.0.2** 接头的质量检验应包括外观检查和力学性能检验两个方面。

外观检查应从每批接头成品中抽取 10%；力学性能检验应从外观检查合格的成品中随机抽取 3 个接头做拉伸试验。

**6.0.3** 外观检查应符合下列规定：

**1** 钢筋与电极接触处，不得有烧伤缺陷；

**2** 接头四周焊包高度最高处与最低处的平均值，不得小于 0.3$d$，同时焊包最低处高度，不得小于 4 mm；

**3** 接头处的轴线偏移不大于 1 mm，同时不得大于 0.05$d$；

**4** 接头处的弯折，不得大于 2°。

**6.0.4** 力学性能检验结果应符合下列规定：

**1** 符合下列条件，应评定合格：

1 组 3 个试件的抗拉强度均大于或等于钢筋母材抗拉强度标准值，且至少有 2 个试件断于焊缝以外，呈延性断裂。

**2** 符合下列条件之一的，应进行复验：

1）2个试件断于钢筋母材，呈延性断裂，其抗拉强
度大于或等于钢筋母材抗拉强度标准值；另一试
件断于焊缝，或热影响区，呈脆性断裂，其抗拉
强度小于钢筋母材抗拉强度标准值的 1.0 倍。

2）1个试件断于钢筋母材，呈延性断裂，其抗拉强
度大于或等于钢筋母材抗拉强度标准值；另 2 个
试件断于焊缝或热影响区，呈脆性断裂。

3　3 个试件均断于焊缝，呈脆性断裂，其抗拉强度均
大于或等于钢筋母材抗拉强度标准值的 1.0 倍时，应进行复
验。当 3 个试件中有 1 个试件抗拉强度小于钢筋母材抗拉强
度标准值的 1.0 倍，应评定该检验批接头拉伸试验不合格。

4　复验时，应切取 6 个试件进行试验。试验结果，若
有 4 个或 4 个以上试件断于钢筋母材，呈延性断裂，其抗拉
强度大于或等于钢筋母材抗拉强度标准值，另 2 个或 2 个以
下试件断于焊缝，呈脆性断裂，其抗拉强度大于或等于钢筋
母材抗拉强度标准值的 1.0 倍，应评定该检验批接头拉伸试
验复验合格。

# 7 安全技术

**7.0.1** 施工单位应建立钢筋电渣压力焊安全生产的管理制度和拟定必要的安全措施，并有专人进行管理和监督。

**7.0.2** 施工场所应做好安全防护，应有必要的防火器材和防火设施。焊接作业 5 m 范围内的区域，应排除易燃易爆物。禁火区域严禁焊接作业。

**7.0.3** 用电安全应符合下列要求：

**1** 接入施工场所的焊接电源，必须绝缘良好，架设可靠，并作出明显标记；

**2** 电源开关安装在明显位置，并有快速熔断器、防漏电装置以及可靠的接地或保护接零；

**3** 焊机的保护接地线直接从接地极处引接，其接地电阻值应小于 4 Ω；

**4** 焊机故障修理由专人负责，并在切断电源后进行。

**7.0.4** 操作人员的人身安全防护应符合下列要求：

**1** 焊接施工的人员，必须穿戴绝缘鞋、绝缘手套和安全帽等防护用品；

**2** 用于焊接施工的作业平台必须牢固，并有安全措施；

**3** 在高空条件下施工时，施工人员应系安全带。

**7.0.5** 设备安全应符合下列要求：

**1** 焊接设备放置在通风、干燥和可避免碰撞的地方，并有必要的防护措施；

**2** 焊接电缆和控制线，应避免强行拖拉和遭受重物撞击，防止绝缘受损或内部断线；

**3** 焊接施工结束后应防护好焊机和收妥焊接夹具等物品，方可离开施工现场。

**7.0.6** 在雨、雪天气条件下进行焊接施工，应制订专项施工方案，在保证人身安全和接头质量方面，应有必要的措施。

# 附录 A 常用钢筋化学成分与
# 力学性能特征值

## 表 A.1 钢筋的化学成分

| 钢筋牌号 | 化学成分（质量分数，%），不大于 | | | | |
|---|---|---|---|---|---|
| | C | Mn | Si | P | S |
| HPB300 | 0.25 | 1.50 | 0.55 | 0.045 | 0.050 |
| HRB335 | | | | | |
| HRB400 | 0.25 | 1.60 | 0.80 | 0.045 | 0.045 |
| HRB500 | | | | | |

注：本表资料摘自钢筋混凝土用钢筋现行国家标准：
   《钢筋混凝土用钢 第 1 部分：热轧光圆钢筋》（GB 1499.1）；
   《钢筋混凝土用钢 第 2 部分：热轧带肋钢筋》（GB 1499.2）。

## 表 A.2 钢筋的力学性能特征值

| 钢筋牌号 | 屈服强度 $R_{eL}$（MPa） | 抗拉强度 $R_m$（MPa） | 断后伸长率 $A$（%） |
|---|---|---|---|
| | 不小于 | | |
| HPB300 | 300 | 420 | 25 |
| HRB335 | 335 | 455 | 17 |
| HRB400 | 400 | 540 | 16 |
| HRB500 | 500 | 630 | 15 |

注：本表资料摘自钢筋混凝土用钢筋现行国家标准：
   《钢筋混凝土用钢 第 1 部分：热轧光圆钢筋》（GB 1499.1）；
   《钢筋混凝土用钢 第 2 部分：热轧带肋钢筋》（GB 1499.2）。

# 本规程用词说明

**1** 为便于在执行本技术规程时区别对待，对要求严格程度不同的用词说明如下：

1）表示很严格，非这样做不可的：

正面词采用"必须"，反面词采用"严禁"；

2）表示严格，在正常情况下均应这样做的：

正面词采用"应"，反面词采用"不应"或"不得"；

3）表示允许稍有选择，在条件许可时首先应这样做的：

正面词采用"宜"，反面词采用"不宜"；

4）表示有选择，在一定条件下可以这样的，采用"可"；

5）表示没有选择，具备必要条件后才可能这样做的，采用"方可"或"才能"。

**2** 条文中指明应按其他有关标准、规范执行的写法为："应符合……的规定"或"应按……执行"。

# 引用标准名录

**1** 《混凝土结构工程施工质量验收规范》（GB 50204）

**2** 《钢筋混凝土用钢 第 1 部分：热轧光圆钢筋》（GB 1499.1）

**3** 《钢筋混凝土用钢 第 2 部分：热轧带肋钢筋》（GB 1499.2）

**4** 《埋弧焊用碳钢焊丝和焊剂》（GB/T 5293）

**5** 《钢筋焊接及验收规程》（JGJ 18）

四川省工程建设地方标准

钢筋电渣压力焊技术规程

DBJ 20-7－2013

条 文 说 明

# 修订说明

《钢筋电渣压力焊技术规程》DBJ 20-7–2013，经四川省住房和城乡建设厅 2013 年 12 月 25 日以第 618 号公告批准、发布。

本规程是在四川省工程建设地方标准《钢筋电渣压力焊接规程》DBJ 20-7–90 的基础上修订完成的，上一版的主编单位是四川省建筑科学研究院，主编人是周百先。

本次修订的主要内容是：增加了钢筋牌号，修正了焊接参数，修改了对于质量合格的判定，提高了钢筋接头外观合格的判定要求。

在本规程修订过程中，编制组通过对 HRB400、HRB500 部分钢筋进行了电渣压力焊试验，规定了适用范围；通过论证性试验，并总结近年的工程经验，对焊接参数进行了修正；对直径为 12 mm 的钢筋进行了电渣压力焊试验，调查研究，总结生产经验后列入本规程。

为便于广大高等院校、设计、施工、检测和质监等单位有关人员在使用本规程时能正确理解和执行条文规定，《钢筋电渣压力焊技术规程》修订组按章、条顺序编写了本规程条文说明，对条文规定的目的、依据及执行中需注意的有关事项进行了说明，还着重对强制性条文的强制性理由作了解释。但是，本条文说明不具备与规程正文同等法律效力，仅供使用者作为理解和把握规程规定的参考。

# 目　次

# 1 总 则

**1.0.1** 本条明确了制定本规程的指导思想、目的及要求。

**1.0.2** 本条对钢筋电渣压力焊的适用范围作出了明确的规定，主要说明这种焊接接头只能在竖向和倾角不大于 10°的斜向钢筋焊接中使用，不得竖向焊接后作横向受力钢筋使用。斜向钢筋的倾斜角限于 10° 以内，是为了保证接头的焊包成型较均匀，质量可靠，示意图见图 1。

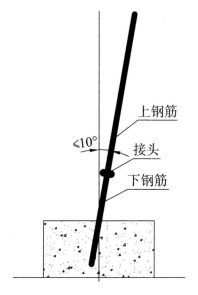

**图 1 斜向钢筋焊接示意图**

实践证明，在其他混凝土结构工程中采用该项焊接技术，效果亦较好，并不局限于在一般工业与民用混凝土结构中应用。

**1.0.3** 本规程自成体系，是专业性较强的技术标准。但因涉及面较广，修订过程中难免存在考虑不周的可能性，故制定了本条文。

# 2 术语和符号

本章明确了钢筋电渣压力焊的定义，对本规程涉及的术语进行了解释，解释了本规程所采用的主要符号的意义。

# 3 材　料

**3.0.1**　本条为强制性条文，必须严格执行。之所以强调用于钢筋电渣压力焊的钢筋和焊剂必须有材质证明书，并应符合现行国家标准规定的性能要求，首先是为了避免不合格的钢筋和焊剂混入施工现场；其次是有利于采取相应的焊接施工方案和措施，保证焊接质量。

**3.0.2**　本条补充规定了钢筋电渣压力焊适用的钢筋牌号及其直径范围。在生产中，对于有较高要求的抗震结构用钢筋，在牌号后加 E（如 HRB400E、HRBF400E），可参照同级别钢筋施焊。进行 HPB235 钢筋焊接时，可按 HPB300 钢筋要求执行。

**3.0.3**　本条为新增条文，目的在于提倡创新和实践，满足工程的实际需要，促进该项焊接技术的提高与发展，积累经验，为以后修订规程提供依据。

**3.0.4**　用于钢筋电渣压力焊的焊剂，应有特殊性，故本条规定，宜优先采用专用焊剂。HJ431 牌号的焊剂仍具有良好的使用效果，故推荐继续使用。

**3.0.6**　因为焊剂回收使用，既关系到施工成本问题，更关系到焊接质量问题，故在该条作出了必要规定。

# 4 焊接设备

**4.0.1** 本条是对焊接设备的有关规定。须满足下列要求：

**1** 各部分之间的联系必须安全可靠；

**2** 应优先选用次级空载电压范围为 75 V ~ 80 V 的焊接电源。

**4.0.4** 目前国内采用的焊接夹具有杠杆式、手摇式，也有电动式的，难以作出具体规定。为满足施工的实际需要，选择适宜的焊接夹具是首要条件。对于直径为 12 mm 钢筋的焊接，因钢筋较细，刚度差，易发生弯折，应选用小型夹具。

**4.0.5** 本条对焊接夹具的性能要求作出了必要的规定。焊接夹具的选择对防止接头弯折、防止轴线偏移以及防止钢筋导电部位的烧伤有重要作用。

# 5 焊接施工

**5.0.1** 本条为强制性条文，必须严格执行。钢筋焊接质量关系到整个工程的质量，而焊接质量在很大程度上取决于焊工的操作技能。

**5.0.2** 施工中钢筋发生变化是指钢筋生产厂家、钢筋牌号或钢筋直径任一项发生变化，此时，进行焊接施工的焊工必须进行现场条件下的焊接工艺试验，合格后方可正式生产。这样做一是为了认定焊工的操作技能；二是利于拟订合适的焊接方案。

**5.0.3** 钢筋电渣压力焊施工，由多人参与完成，故规定应组成小组来进行。焊接小组成员应相对稳定，以利于提高相互配合的熟练程度。

**5.0.4** 本条对焊接前的准备工作提出了全面的要求。本条由原规程的 6 条修改为 1 条 6 款。

**5.0.5** 本条对钢筋接头在结构中的设置位置及比例进行了说明。

**5.0.6、5.0.7** 本 2 条对焊接施工流程的步骤提出了明确要求。应准确控制安装位置，上、下钢筋焊接处处于焊剂罐高度 1/2 以下 5 mm~10 mm，使被焊处被较多的焊剂包围，避免焊接期间熔渣溢出。动夹头处于合适位置，或上或下都有必要的活动空间，以便充分满足焊接工艺的需要。上下钢筋纵肋对齐，以利于钢筋对中。钢筋一经夹紧，强调了"直至焊接结束 10 s，均不得晃动"。

**5.0.8** 本条对填装焊剂提出了具体要求，对焊接施工的顺利开展，焊接质量的保证都很重要。

**5.0.9** 本条对焊接工艺作出了具体规定，比原规程的规定更全面、更确切。首先，强调了应准确掌握"延长电弧过程、缩短电渣过程，分阶段控制"这一小能量焊接工艺，并对各过程提出了操作要领与要求；其次，以实测数据为依据修改了原规程中的示意图；最后，对电渣过程的形态作出了符合实际的修改。

**5.0.10** 本条规定"应待接头冷却后方可卸下焊接夹具"，一是为了防止接头发生弯折；二是为了确保焊包成型良好，并减缓冷却速度，改善接头性能。

**5.0.11** 本条规定"焊接完毕，操作者应对去除渣壳的接头进行自查"。这有利于及时消除可能发生的焊接缺陷。表5.0.11由原规程的附录中移入正文，构成焊接施工的组成部分，利于操作。

**5.0.12** 本条对焊接参数作出了具体规定，对原规程作了必要的补充。考虑到焊接工艺与焊接参数是密不可分的两个组成部分，故将原规程附录四移入正文表5.0.12，使内容更加完整，并便于操作。表5.0.12中的数据是根据试验结果进行微调和修正得出的，说明如下：

**1** 关于焊接电流的选择：不是每一种直径钢筋的焊接电流都可以允许有30 A的波动，应在焊接电流的规定范围内，根据具体情况进行合理选择，以符合实际要求为准。

**2** 关于焊接电压的选择：因中、大直径钢筋焊接时电弧长度宜较长，电渣深度宜稍深，故电弧电压（$U_1$）和电渣电压（$U_2$）宜取上限值（分别为45 V和25 V）。

**3** 关于焊接时间的选择：电弧过程时间（$t_1$）和电渣过程时间（$t_2$）的比例从原来的约3∶1调整为约4∶1，而且仍强调任何情况下，电渣过程时间应缩短，不得延长。如需要延长焊接时间，只能加在电弧过程之中，有利于减少焊接过热缺陷的发生。

　　4　关于钢筋熔化留量的选择：所谓钢筋熔化留量，是为保证接头的焊包高度能够达到规定要求，而设定的钢筋熔化长度。试验结果证明，钢筋熔化留量随钢筋直径的增大而增加。

**5.0.13**　当大小钢筋直径之差在 2 mm ~ 7 mm 的情况下焊接时，熔合面积有较大变化，故对焊接电流、焊接时间作出了增加 5% ~ 10% 的规定。

**5.0.14**　本条为新增条文。针对 HRB500 新牌号钢筋在焊接时有过热倾向、夹渣缺陷容易发生以及焊接质量的稳定性稍差等问题，提出了相应的操作措施。

# 6 质量检验

**6.0.1、6.0.2** 此 2 条对接头质量检验的步骤和内容作出了具体规定。

**6.0.3** 本条对接头外观检查作出了具体规定，相应于原规程有较大的修改。根据试验数据整理，钢筋直径与熔化量及其焊包高度的关系见表 1。

**表 1 钢筋直径与熔化量及其焊包高度的关系**

| 钢筋直径（mm） | 钢筋面积（mm²） | 钢筋熔化量 | | 焊包金属体积（mm³） | 焊包高度 $h$（mm） | 焊包高度与钢筋直径之比（$h/d$） |
| | | 长度（mm） | 体积（mm³） | | | |
|---|---|---|---|---|---|---|
| 12 | 113 | 13 | 1 469 | | 4.0 | 0.33 |
| 14 | 154 | 14 | 2 156 | | 4.5 | 0.32 |
| 16 | 201 | 16 | 3 216 | | 5.0 | 0.31 |
| 18 | 254 | 18 | 4 572 | 略小于钢筋熔化体积 | 5.5 | 0.31 |
| 20 | 314 | 20 | 6 280 | | 6.0 | 0.30 |
| 22 | 380 | 22 | 8 360 | | 7.0 | 0.32 |
| 25 | 491 | 24 | 11 784 | | 8.0 | 0.32 |
| 28 | 616 | 26 | 16 016 | | 9.0 | 0.32 |
| 32 | 804 | 28 | 22 512 | | 10.0 | 0.31 |

随着钢筋直径逐渐增大，必要的钢筋熔化长度与体积会相应增加，焊包高度由 4 mm 增至 10 mm。从表 1 中还可看出，钢筋直径为 12 mm ~ 32 mm 的焊包高度都大于等于

0.3$d$。以此为依据，作出焊包高度不小于 0.3$d$ 的规定。

关于接头轴线偏移问题。原规程的规定是："不得大于 0.10$d$，同时不得大于 2 mm"。该项规定有削弱接头承载能力的可能，故进行修改。现行行标 JGJ 18 - 2012 对轴线偏移的规定为不得大于 1 mm。这一规定对于直径 12 mm ~ 32 mm 钢筋，会出现要求宽、严相差很大的情况。对于直径 12 mm 钢筋，偏移值与钢筋直径比为 0.08$d$；对于直径 32 mm 钢筋，偏移值与钢筋直径比为 0.03$d$。所以我们在修订规程时增加了"同时不得大于 0.05$d$"的规定。这样就将直径 12 mm ~ 18 mm 钢筋接头的质检要求有所提高，从而使质检要求宽、严不一致的情况，得到一定程度的改善。

关于接头弯折问题。原规程规定为"不得大于 4°"，现改为"不得大于 2°"，与现行行标 JGJ 18 - 2012 的规定一致。

**6.0.4** 本条为强制性条文，必须严格执行。本条合格性评定用 1 款概括了 JGJ 18 - 2012 第 5.1.7 条第 1 款对合格性评定的第 1 项、第 2 项和注释内容。复验规定内容与 JGJ 18 —2012 第 5.1.7 条复验内容保持一致。

# 7 安全技术

**7.0.1** 本条为新增条文，强调了施工单位应重视钢筋电渣压力焊的安全生产，应建立必要的规章制度，并指派专人进行管理和监督。

**7.0.2** 本条主要针对防火要求进行了规定。除满足本规程外，还应符合相关规范的规定。

**7.0.3** 本条对原规程中的相关条文进行了补充，旨在处理好安全用电问题。

**7.0.4** 本条对施工区域的安全设防和操作人员的劳动保护作出了必要的规定。

**7.0.5** 本条对焊接设备放置在施工现场时应注意的事项作出了规定，使焊接设备在使用期间始终处于正常状态。

**7.0.6** 雨、雪天气条件下的焊接施工，必须做到生产、安全两兼顾，尤其对操作人员的安全应高度关注。故本条增加了"应制订专项施工方案"的规定。